ISSN 0138-3957

SITZUNGSBERICHTE DER SÄCHSISCHEN AKADEMIE
DER WISSENSCHAFTEN ZU LEIPZIG

Philologisch-historische Klasse
Band 125 · Heft 4

RUDOLF FORBERGER

VOM KÜNSTLERISCH GESTALTETEN HARTPORZELLAN BÖTTGERS ZUM TECHNISCHEN PORZELLAN IM 19. JAHRHUNDERT

AKADEMIE-VERLAG · BERLIN
1985

Vorgetragen in der Sitzung am 5. Februar 1982
Manuskript eingereicht am 30. November 1983
Druckfertig erklärt am 20. März 1985

Erschienen im Akademie-Verlag, DDR - 1086 Berlin, Leipziger Str. 3–4

Lizenznummer: 202 · 140/203/85
Printed in the German Democratic Republic
Gesamtherstellung: IV/2/14 VEB Druckerei „Gottfried Wilhelm Leibniz“,
4450 Gräfenhainichen · 6465
LSV 0265
Bestellnummer: 754 522 7 (2026/125/4)
00400

INHALT

I. Zum Bild J. F. Böttgers und dem der Meißner Porzellanmanufaktur in der Manufakturgeschichte 5

II. Zum technischen Fortschritt im nichtkünstlerischen Bereich der Porzellanherstellung und zur Gründung sächsischer Produktionsstätten für Porzellan im 19. Jahrhundert 13

Anmerkungen 24

Auswahlbibliographie zum I. Teil 27

I.
Zum Bild J. F. Böttgers und dem der Meißner Porzellanmanufaktur in der Manufakturgeschichte[1]

Dem Andenken J. F. Böttgers (1682–1719), der in Sachsen fast die Hälfte seines kurzen Lebens verbracht und hier seine genialische Wirksamkeit entfaltet hat, sind die nachstehenden Ausführungen verpflichtet. Sie beschränken sich bewußt auf einige wenige Fragen zur Person des Porzellanerfinders und zur Entwicklung der Produktivkräfte sowohl bei der Herstellung des Werkstoffes Porzellan als auch bei dessen Weiterverarbeitung und dies in der Sicht des Wirtschafts- und speziell des Produktivkräftehistorikers.

Die Fragestellungen ergeben sich bei der noch immer nicht abreißenden Flut von Publikationen[2] aus dem verständlichen Wunsche heraus, zu erfahren, ob und in welcher Hinsicht sowie in welchem Ausmaße es in der Zeit zwischen dem 250jährigen Jubiläum der Meißner Porzellanmanufaktur im Jahre 1960 und dem 300sten Geburtstag Böttgers im Jahre 1982 – Gedenktage solcher Art fordern ja zumeist zu derartiger Bilanzierung heraus – zu neuen, vielleicht sogar sensationell neuen Forschungsergebnissen etwa auf Grund bisher noch nicht bekanntgewesenen oder noch nicht verarbeiteten Quellenmaterials bzw. gewandelter Einschätzungen und Bewertungen gekommen ist. Um die Antwort darauf gleich vorwegzunehmen: Seit dem Jubiläum im Jahre 1960 sind keineswegs verblüffend neue Erkenntnisse auf dem Gebiete der beiden vorgenannten Disziplinen hinzugekommen. Wohl aber konnten solche über unsere Thematik bestehende im Geschichtsbewußtsein gefestigt werden, haben sich stabilisiert oder sind ausgebaut worden. Einer so differenzierteren historischen Behandlung ist das neuerdings immer wieder erhobene Postulat zugute gekommen, Persönlichkeiten, Strukturen und Ereignisse vergangener und überholter Systeme und Formationen nicht nur mit ihren reaktionären, sondern gegebenenfalls auch mit ihren progressiven Seiten darzustellen. Was die Produktivkräfte zur Zeit der Erfindung des Porzellans anbelangt, so hat vor einigen Jahren Willy Goder mit seiner Dissertation[3] eine beachtenswerte Zusammenfassung des neuesten Forschungsstandes beigebracht. Auch ist von Meißen her der wertvolle Hinweis darauf gekommen, daß die Chinesen erst in unserem Jahrhundert –

und zwar in den fünfziger Jahren – Hartporzellan, bis dahin aber nur Weichporzellan, hergestellt haben. Bei allem Erkenntnisfortschritt existieren bei unserer Thematik jedoch noch manche ungelöste Probleme, ist noch manche Frage bis heute unbeantwortet geblieben.

Beginnen wir bei der Person Johann Friedrich Böttgers und sondieren wir, was in bezug auf ihn nunmehr geklärt erscheint und was nicht. Was seine äußere, körperliche Gestalt anbelangt, so existiert als ältestes ein so gut wie zeitgenössisches Bild von ihm, ein Reliefmedaillon aus Böttgersteinzeug im Schloßmuseum Gotha (Abb. 1). Dieses Bildnis schreibt I. Menzhausen[4] – offenbar beruht diese Zuschreibung auf neuesten Einsichten – dem französischen Bildhauer Coudray zu. Die Entstehungszeit des Bildnisses legt sie in die Jahre 1718/19, und die Ausformung des Medaillons in die Jahre 1723/25, da über die zwanziger Jahre des 18. Jahrhunderts hinaus Böttgersteinzeug nur noch angeboten, aber nicht mehr produziert wurde. Das Coudraysche Porträt war offenbar die Vorlage für einen nicht namentlich bekannten Künstler zur Anfertigung eines Kupferstichs zum 100jährigen Jubiläum der Porzellanmanufaktur im Jahre 1810, der die Vorstellungen der Nachwelt von Böttgers Aussehen vielleicht am nachhaltigsten geprägt hat. Allerdings werden Zweifel an dessen Porträtähnlichkeit immer wieder erhoben und zwar mit der Begründung, daß ein Mann von Mitte 30 nicht schon so alt ausgesehen haben kann. Aber es darf doch wohl bei solchen Argumentationen nicht übersehen werden, daß Böttger eine ganze Reihe von Jahren in Lebensgefahr schwebte, er ständig unter zermürbendem Erfolgszwang stand und zu dieser Zeit infolge offenbar chronischer Metallvergiftung bereits todkrank war. Sicherlich aber konnten die jenen beiden Darstellungen folgenden späteren idealisierten Plastiken und Gemälde den Vorstellungen von seinem Äußeren noch viel weniger gerecht werden.

Im Zusammenhang mit dem Reliefporträt Böttgers steht die auch jetzt wieder neu aufgeworfene Frage nach seiner Nobilitierung, da das Medaillon in seinem oberen Halbkreis die Umschrift „Le Baron de Böttger" trägt. I. Menzhausen[5] berichtet unter Stützung auf Kramer[6] zusammenfassend über die angebliche Erhebung Böttgers in den Reichsfreiherrenstand, die nach Iccander bereits 1711 – zusammen mit seiner Ernennung zum Obergrat – nach einer Fußnote in der Festschrift der Meißner Porzellanmanufaktur zu ihrer Hundertjahrfeier jedoch erst 1714 erfolgt sein soll. Unbeschadet davon, daß Steinbrück und Permoser Böttger „Baron" nannten und er auch in Archivalien als solcher bezeichnet wurde, finden sich in der für Erhebungen in den Adelsstand damals wichtigsten Behörde, dem Allgemeinen Verwaltungsarchiv Wien, wie auch an anderen territorial kompetenten Stellen in Dresden und Warschau keine diesbezüglichen Eintragungen über ihn. Er selbst hat auch nie mit einem Adelsprädikat unterschrieben so daß seine Anrede mit „Baron" zwar belegt, es aber als höchstwahrscheinlich anzusehen ist, daß er nie zu einem solchen oder zum „Reichsfreiherrn" erhoben wurde. Bei den erfolglos gebliebenen fachmännischen Bemühungen in Vergangenheit und Gegenwart dürfen wir kaum noch mit einer endgültigen Klärung dieser Frage in Zukunft rechnen.

Einen unübersehbaren Wandel hat die Charakteristik Böttgers ohne Zweifel in den letzten zwanzig Jahren hinsichtlich der Einschätzung seiner moralischen Qualitäten, seines Intellekts und seiner Eigenständigkeit auch in Fragen der künstlerischen Gestaltung des Porzellans zu verzeichnen: Noch in den Jahren um das Berliner, 1958 veranstaltete, Tschirnhaussymposion[7] wurden die „Trunksucht" Böttgers und seine im Vergleich zu Tschirnhaus niedrigere Ausbildung als Apotheker mit dazu verwendet, seine Rolle als Porzellanerfinder zumindest in Frage zu stellen, wenn nicht gar für unmöglich zu halten. Die Porzellanmanufaktur Meißen stand in bezug auf den Erfinder jederzeit hinter Böttger, ohne den Anteil von Tschirnhaus und anderer zu leugnen.[8] Er wurde zum Porzellanerfinder auf Grund seiner Beherrschung von Sinterungsprozessen. Böttger gelang es, das Arkanum bzw. die Verfahren für drei keramische Produkte zu finden: für die Delfter Fayence, für das sogenannte Jaspisporzellan (das seit dem 20. Jahrhundert „Böttgersteinzeug" genannte, in rotbraunen Färbungen erscheinende Material) und für das begehrteste Produkt, das weiße Porzellan.[9] Über die nachweislich erste gelungene Brennprobe berichtet Böttger in einem Laborprotokoll vom 15. 1. 1708, als „Geburtsurkunde" des europäischen Porzellans bezeichnet und von M. und J. Mields, Steyer und Walcha erstmals übersetzt und gedeutet. Mit diesem Porzellan hatte Böttger aber nicht, wie schon Mields und Walcha wußten und vor ihnen bekannt war, das chinesische Porzellan *nach*erfunden, sondern es war ihm – erstmalig in der Welt – gelungen, im Gegensatz zum „Weichporzellan" der Chinesen „Hartporzellan" herzustellen.[10]

Dieser in allen Einzelheiten somit schon bekannte und in den neuesten Publikationen[11] sichtbar gemachte Erfolg Böttgers beruhte auf seiner Erkenntnis, daß zur Porzellanherstellung leichtflüssige mit feuerbeständigen, unschmelzbaren Erden gemischt werden müssen. Im Brand bleibt dann ein Teil der Mischung fest, ein anderer hingegen schmilzt, umfließt den festgebliebenen und dringt in dessen Poren ein. Das Gemenge, der sogenannte „Versatz", enthielt als unschmelzbaren Bestandteil bis zu zwei Drittel Kaolin (weiße Tonerde – wasserhaltiges Aluminiumsilikat – $H_4Al_2Si_2O_9$) und als schmelzbaren Bestandteil bis zu einem Drittel Flußmittel in Form von 25 % Feldspat und 8 % Quarz. Bis 1724 verwendete man anstelle von Feldspat Alabaster.

Nun noch, obgleich damit keine neuen Forschungsergebnisse zur Sprache kommen, aber doch vielleicht die anderen Ausführungen im vorstehenden Artikel in einen deutlicheren Zusammenhang mit dem Hauptphänomen, der Produktion des Werkstoffs Porzellan, ein paar Worte über den weiteren technologischen Weg des Gemenges, wie er sich in den vorgenannten Publikationen[12] darstellt.

Nach seiner Herstellung wurde das Gemenge drei Manipulationen unterworfen: es wurde geformt, luftgetrocknet und 2 bis 3 Bränden ausgesetzt, 1. dem „Verglühbrand" bei 900° (Biskuitporzellan); 2. dem „Gut-, Gar- oder Glattbrand" bei 1350 bis 1450°, nachdem das Werkstück zuvor glasiert wurde, wozu bemerkt wird, daß die Glasur in verdünnter Form die gleichen Bestandteile enthielt wie der „Versatz", zu dem noch einige Zusätze kamen (z. B. Marienglas). Der Brand bei diesen hohen Temperaturen bewirkte, daß sich alle Bestandteile „auf das innigste" miteinander verbanden. Die Masse „sinterte", d. h. der keramische Rohstoff verdichtete sich durch Einwirkung der Flußmittel auf das Kaolin; 3. dem „Muffelbrand", der bei 820° erfolgte, wenn das Werkstück eine Bemalung mit Aufglasurfarben erhielt, die auf die Glasur aufgeschmolzen werden mußten. Hingegen wurde eine Unterglasurbemalung – so das Zwiebelmuster und das Weinlaubmuster wie auch das Schwerterzeichen – bereits zwischen dem Verglüh- und dem Gutbrand vorgenommen.

Wie bereits betont, war das Meißner Porzellan Hartporzellan, das chinesische hingegen Weichporzellan. Während das Hartporzellan mit $^2/_3$ einen hohen Kaolingehalt aufwies, befand sich im „Versatz" des Weichporzellans nur wenig Kaolin. Das Weichporzellan war demzufolge weniger widerstandsfähig als das Hartporzellan, und für seine Herstellung genügten niedrigere Temperaturen.

Vor Nachahmungen wurde im Anfang mit Erfolg die Herstellung des Hartporzellans durch deren Erklärung zum „Arkanum" geschützt. Darunter fiel dreierlei: a) die Bereitung des „Versatzes", b) das Brennverfahren und c) die Rezeptur der Farben (dies erst nach 1719, dem Todesjahr Böttgers, da bis zu jenem Jahre die Meißner Erzeugnisse entweder braun oder nur weiß, jedenfalls nicht bemalt waren. Danach aber kam es zur Verwendung von Kobaltfarben und von Chromoxydgrün als Unterglasurfarben und von Metalloxydfarben als Überglasur- bzw. Aufglasurfarben, die mit einem Flußmittel versehen im Muffelbrand in die Glasur einschmolzen.

Mit Recht wurde jetzt – zum 300. Geburtstag Böttgers – vielfach hervorgehoben, daß ihm auf dem Wege zu seiner Erfindung Fachleute und Wissenschaftler verschiedener Gebiete zur Seite standen. So der Alchimist, Chemiker, Glasmacher und Erfinder des Goldrubinglases Johann Kunckel (1630 bis 1703)[13], dem Böttger seine Hinwendung zur Alchimie hauptsächlich verdankte, Ehrenfried Walter von Tschirnhaus (1651–1708), der Böttger vor allem von der „Goldmacherei“ abbrachte und ihn auf die Erforschung des Porzellanarkanums wies, obwohl Böttger bis an sein Lebensende glaubte, einmal Gold herstellen zu können, und der Böttger weiterhin vom bloßen Experimentieren zu wissenschaftlicher Arbeit in Form der Durchführung von Versuchsreihen geführt hatte, und nicht zuletzt Bergrat Gottfried Pabst von Ohain (1656–1729) mit 5 Freiberger Bergknappen und Hüttenleuten (David Köhler [gest. 1723], Samuel Stölzel [1685–1737], Johann Georg Schubert, Balthasar Görbig und Paul Wildenstein [1682–1731 erwähnt] sowie der Freiberger Ofenbauer Andreas Hoppe). Diese Männer und einige andere wie der Berghauptmann Abraham von Schönberg (1640–1711) und Dr. Michael Nehmitz (1670...) hatten bereits in der Goldmacherphase Böttgers die Aufgabe, ihn bei seinen Versuchen zu unterstützen und zugleich zu überwachen. Dieses 1701 von August dem Starken ins Leben gerufene Kollegium, als „Contubernium“ bezeichnet, bestand auch noch in der Zeit der keramischen Versuche. Es wird heute gern als „erste silikattechnische Forschungsgemeinschaft“ bezeichnet. Was den Anteil von Tschirnhaus an der Porzellanerfindung betrifft, so ist schließlich noch auf die von ihm veranlaßte Bestandsaufnahme der sächsischen Mineralien hinzuweisen, nicht zuletzt auch auf seine großen Erfahrungen und Verdienste bei der Herstellung von Glas.[14] Diese Würdigung der Mithilfe jener Männer bei der Erfindung des Porzellans darf aber keineswegs den Eindruck erwecken, Böttger hätte lediglich Anteil an einer Kollektivleistung gehabt. Außerdem ist der Beitrag der vorgenannten keine sensationelle Erkenntnis unserer Tage, sondern war zumindest schon vor einer Generation bekannt, wovon vor allem die Arbeiten Fischers[15] und Walchas Zeugnis ablegen. Das Böttgerjubiläum berechtigt deshalb, auch Walchas ehrenvoll zu gedenken, wie dies die Schweizer Keramikfreunde besonders schön im Jahre 1981 taten, in dem Walcha 80 Jahre alt geworden wäre. Walcha war der Schönheit des Porzellans verfallen und huldigte ihr in vielfältiger Form.[16]

Wie neueste Forschungsergebnisse von Ingelore Menzhausen[17] zeigen, war Böttger nicht nur auf technischem und technologischem Gebiet schöpferisch – wobei zu beachten ist, daß die Entdeckung des Verfahrens zur Herstellung von Porzellan durchaus nicht seine einzige Leistung in jenen Bereichen war –, sondern er besaß auch künstlerische Qualitäten und hatte genaue Vorstellungen über die plastische und malerische Weitergestaltung des von ihm erfundenen Werkstoffes.

1709/10 hatte das Böttgersche Verfahren zur Herstellung des Porzellans die Produktionsreife erlangt und seine Laborphase abgeschlossen, wenn auch noch lange das Problem der Gestaltung von Brennöfen mit genügend hohen und gleichmäßigen Temperaturen sowie das der Lebensdauer der Ofenaggregate bestand (so ging die Entwicklung vom Rund- zum Tunnelofen, der ein kontinuierliches Beschicken ermöglichte, und zum jetzigen Herdwagenofen).

Der Schauplatz der laboratoriumsmäßigen Herstellung des Werkstoffes Porzellan waren die Gewölbe in den Dresdner Befestigungsanlagen an der Elbe (unter der „Venus"- oder „Jungfernbastei" auf der Brühlschen Terrasse). Dort sind in den letzten Jahrzehnten – und zwar in einer der beiden Wachstuben des ehemaligen „Ziegeltores" – von einer Dresdner Kulturbundgruppe[18] die Überreste eines Brennofens und von Brennkapseln sowie Ziegelsteine mit gesinterten Schlackeresten ausgegraben worden. Es liegt nahe, hierin Spuren der Tätigkeit Böttgers zu vermuten und für diese Zone den Verdacht auf weitere Funde auszusprechen, dem eine genaue Untersuchung folgen sollte mit dem Ziele, daß diese Region der Terrasse bei Bestätigung der Vermutung der Öffentlichkeit als technisches Denkmal zugänglich gemacht wird (Abb. 2, 3 und 4).

Nach der labormäßigen Erfindung des Porzellans galt es nun, eine Werkstätte zu errichten, in der zum einen dieser Werkstoff produziert und zum anderen zu Gegenständen weiterverarbeitet werden konnte, von denen in Sachsen genaue Vorstellungen durch die langjährige und kostspielige Einfuhr von Porzellanwaren aus China, Japan und Korea vorlagen. Zu jenen Prozessen der Weiterverarbeitung gehörten in erster Linie die Formung und Bemalung des Porzellans, welch letzte Manipulation sich trotz andersartiger Ankündigung Böttgers, der die Lieferung bemalten, bunten Porzellans bereits für 1710 in Aussicht gestellt hatte, erst mit der Einstellung Höroldts 1720 aufgenommen wurde.

1710 kam es bekanntlich zur Einrichtung der ersten Produktionsstätte für das Porzellan Böttgers auf der Albrechtsburg in Meißen. Nehmitz wurde ihr erster Direktor und Böttger ihr Administrator. Es war dies die fortschrittlichste, modernste, produktivste Betriebsorganisation, die jene Zeit aufzuweisen hatte. Es war kein Handwerksbetrieb überkommener feudaler Art, wo jeder im Betrieb den Werkstoff Porzellan hätte herstellen und auch noch weiterverarbeiten, formen und bemalen können, was im Handwerk theoretisch durchaus denkbar, allerdings praktisch-konkret nicht leicht gewesen wäre, allein, wenn man sich vorstellt, daß man dafür einen Künstler hätte gewinnen müssen mit den Qualitäten Kändlers und Höroldts in *einer* Person.

Vielmehr handelte es sich um eine Manufaktur besonderer Art. Der Siegeszug des Meißner Porzellans war so von Anfang an mit den Methoden seiner Fertigung und Weiterverarbeitung an die Betriebsorganisation und Betriebstechnik der arbeitsteiligen Kooperation gebunden, die das Resultat der rationellen Durchdringung der Produktionsbereiche im Sinne der Aufklärung darstellte und die sich in Sachsen als dem Mutterland der deutschen Frühaufklärung in der Form der „Manufaktur" und der „Bergfabrik" (der Werkstätte zur Weiterverarbeitung von Bergbauprodukten und von Erzeugnissen der „Bergfabriken") besonders stark und zeitig durchsetzte.

Der Meißner Porzellanmanufaktur, die zeitgenössisch auch „Porzellanfabrique" genannt wurde, kam die Bezeichnung „Manufaktur" mit Recht zu, weil in ihr der Gesamtarbeitsprozeß zwecks Erreichung größtmöglicher Produktion und Produktivität in Teilprozesse zerlegt war. Sie hatte den Charakter einer „Bergfabrik". Sie stellte seit ihrer Gründung eine organische Manufaktur und damit die vollkommenste Form einer Manufaktur dar, weil in ihr das Endprodukt zentral in einer Reihenfolge zusammenhängender Prozesse und Manipulationen entstand.

Die Meißner Porzellanmanufaktur war ebenfalls von Anfang an landesherrlicher bzw. Staatsbetrieb mit allen – oder besser – größeren Chancen der Existenzsicherung gegenüber einer privaten Manufaktur jener Tage. Sie neigte auch schon aus diesem Grunde mehr einer feudalen als einer kapitalistischen Manufaktur zu, indem sie beispielsweise zur Sicherung des Arkanums die Freizügigkeit beschränkte.

Die größte Besonderheit jedoch gegenüber den meisten anderen Manufakturen bestand bei der Meißner Porzellanmanufaktur darin, daß sie keine Übergangsform darstellte wie etwa eine Textilmanufaktur vor Beginn der Industriellen Revolution, die sich durch den Einsatz von Werkzeugmaschinen zur Fabrik weiterentwickeln mußte, sollte sie als Betrieb am Leben bleiben. Die Meißner Porzellanmanufaktur war eine organisatorisch und betriebstechnisch vollkommene Endform, und sie mußte bei den über die Qualität ihrer Produkte entscheidenden zwei Fertigungsprozessen der Weiterverarbeitung des Rohporzellans: dem Formen und Bemalen, die manuelle Arbeit beibehalten, sollte das künstlerische Niveau ihrer Erzeugnisse gewahrt bleiben.[19] Solches tat sie denn auch bis in unsere Tage und wird dies nach ihren Äußerungen auch weiterhin tun, während die anderen Fertigungsbereiche, wie eine soeben herausgekommene Untersuchung von Traude Scholz[20] eindrucksvoll zeigt, in den Sog der Industriellen Revolution gekommen und alle deren technischen und technologischen Möglichkeiten – von der Mechanisierung an aufwärts – in den Produktionsablauf einbezogen und für die Effektivität und Rentabilität nutzbar gemacht worden sind. So stellt sich in unseren Tagen der Meißner Betrieb als Manufaktur mit Fabrikcharakter in einigen Abteilungen und bei einigen Funktionen dar, ähnlich wie während und nach der Industriellen Revolution bei den Fabriken Manufakturabteilungen existierten. Mit diesen Bemerkungen sollen die Ausführungen über die Terminologie der Manufaktur abgeschlossen sein, auf welchem Gebiete gerade Leipzig seit Karl Bücher (1892–1930) eine Tradition aufzuweisen hat, der sich der Verfasser des vorstehenden Artikels durch die

Arbeit am Begriffsapparat unserer Disziplin seit langem verpflichtet fühlt, wenn auch mit anderen Vorzeichen.

Auch in der außertechnischen Sphäre, so in der kaufmännischen Verwaltung, kam es in der Porzellanmanufaktur in den vielen Jahren ihrer Existenz zu nicht selten einmaligen oder erstmaligen Leistungen in der sächsischen Manufakturgeschichte, die sich auch auf andere Produktionszweige auswirkten. So war beispielsweise der Schutz des geistigen Eigentums und ihrer Erzeugnisse in der Porzellanmanufaktur einmalig. Er reichte von der bereits erwähnten Schweigepflicht der Arkanumträger und der Beschränkung ihrer Freizügigkeit bis hin zum Warenzeichen, der „Fabrikmarke“[21] und zum Patent. Schon das Böttgersteinzeug der Jahre 1709–1720 trug ein blaues Zeichen. Das Warenzeichen der Manufaktur für ihr weißes und bemaltes Porzellan sind seit 1723 bekanntlich die dem kursächsischen Wappen entlehnten zwei aufrecht stehenden, miteinander gekreuzten Schwerter auf dem Porzellan in kobaltblauer Farbe unter der Glasur, die von Steinbrück, dem Schwager Böttgers und Inspektor der Manufaktur, angeregt, ab 1731 offenbar generell auf allen Erzeugnissen der Manufaktur angebracht wurden. Bis 1725 fungierten als Warenzeichen für die Meißner Erzeugnisse, um sie vor Nachahmungen und Fälschungen zu schützen, das für Lieferungen an den sächsischen Hof benutzte AR (Augustus Rex). In der Zeit von 1720–1730 trugen einige Stücke der Produktion die sogenannte Peitschenmarke, über deren Deutung bis jetzt noch keine Klarheit besteht. Einige sehen in ihr einen Äskulapstab, weil Böttger Apotheker war, andere einen Merkurstab, das Zeichen des Handels, und schließlich wurde in ihr auch die Fahne des Propheten vermutet, weil die Peitschenmarke auf den in die Türkei gehenden Erzeugnissen der Manufaktur angebracht war. Ab 1723 wurde zusammen mit den Kurschwertern auch das Zeichen K.P.M. (Königliche Porzellan-Manufaktur) verwendet. Diese Altwarenzeichen AR und K.P.M. aus dem 18. Jahrhundert werden auf ausgewählten Erzeugnissen auch jetzt noch angebracht, jedoch zusammen mit der Jahreszahl der modernen Produktion. Die zwei neuesten Warenzeichen sind 1972 erstmalig national und inzwischen auch international registriert. Insgesamt benutzt die Manufaktur heute 9 teils auch international eingetragene Warenzeichen. Daneben konnten die Meißner Erzeugnisse die Zeichen von Modelleuren und auch Gütezeichen tragen.

Das Warenzeichen der Kurschwerter wurde von anderen Porzellanmanufakturen durch ähnliche Gestaltung häufig mißbraucht, ja es wurde Ende der 50er Jahre unseres Jahrhunderts sogar – jedoch erfolglos – versucht, außerhalb der DDR eine Porzellanmanufaktur mit den Schwertern als „Fabrikmarke“ zu gründen.

Die Warenzeichen hatten und haben in Vergangenheit und Gegenwart zweierlei Funktion. Sie dokumentierten und garantierten der Manufaktur wie dem Käufer die Herstellung des jeweiligen Gegenstandes in dieser renomierten Produktionsstätte. Dies ist schon deshalb besonders notwendig für den Produzenten wie für den Abnehmer, weil die Produkte ja schließlich – bis auf echte Unikate – jederzeit reproduzierbare Gegenstände sind wie beispielsweise eine Graphik.

Nun noch ein Wort zur jetzigen Produktion „alten" Porzellans. Nach der Kundenfestschrift zum Böttgerjubiläum 1982[22] werden „fünf Modelle aus den ersten Jahren Meißens . . . aus ihrem Schlummer im Museum auferstehen. Sie sollen beispielhaft für viele Entwürfe dieser Zeit und eine Würdigung des Anfangs und auch Böttgers sein". Nach Böttger waren es im Hinblick auf das Porzellan drei Dinge, die geeignet sind, „die Gier des Menschen zu erregen und nach Besitz von ganz besonderer Art zu streben, der fern von jeglicher alltäglicher Notwendigkeit; das sei die Schönheit, erstens, schließlich die Seltenheit und letztlich die Verwendungsfähigkeit". Diese Worte Böttgers stehen auch für die „neue" Produktion Meißens, die um so notwendiger ist, will die Manufaktur nicht zum Produzenten von „Museumsstücken" werden.

Die wissenschaftliche Beschäftigung mit der großen Gestalt Böttgers und seiner Manufaktur ist mit seinem 300sten Geburtstag natürlich nicht zu Ende gegangen. Dafür sorgt allein schon ein bei der Meißner Porzellanmanufaktur errichtetes Direktorat für Geschichte und Museum. Als Aufgabe steht, Licht in weitere noch nicht erhellte Passagen seines Lebens und Wirkens sowie der Tätigkeit der Manufaktur zu bringen.

II.
Zum technischen Fortschritt im nichtkünstlerischen Bereich der Porzellanherstellung und zur Gründung sächsischer Produktionsstätten für Porzellan im 19. Jahrhundert

Im Artikel über „Die sächsische Manufaktur in der Ära Augusts des Starken"[23] hat sein Verfasser, gestützt auf die Ausführungen Schärers[24], schon einmal darauf hingewiesen, daß „kaum noch einmal eine Manufaktur – gleich welcher Branche und das im Weltmaßstab – durch ihr Beispiel einen solch nachhaltigen Impuls zur Gründung arbeitsteiliger Werkstätten gegeben" hat „wie die Meißner Porzellanmanufaktur". So war es „allein noch im 18. Jahrhundert zur Errichtung weiterer 21 Werkstätten für manuell erzeugtes Porzellan außerhalb Sachsens" gekommen. Im 19. Jahrhundert stieg diese Zahl auf 108, um im 20. Jahrhundert auf vier Neugründungen zurückzugehen. Damit ist zahlenmäßig erhärtet, daß die Meißner Porzellanmanufaktur die Mutter der europäischen Porzellanindustrie in Vergangenheit und Gegenwart darstellt, wie dies im Protokollband über das Internationale Symposium zu Ehren Böttgers am 5. und 6. Februar 1982 in Dresden[25] an Einzelbeispielen zum Ausdruck kam.

Bei der Meißner Porzellanmanufaktur handelt es sich um zwei ineinandergefügte Produktionsbereiche: um die Herstellung des Werkstoffs „Porzellan", der Porzellanmasse, und um deren manufakturmäßige Weiterverarbeitung vornehmlich in Gestalt zweier Teilarbeitsprozesse: des Formens (im einzelnen des Ausformens, Drehens und Modellierens) und des Bemalens. Die zeitlich nach ihr ins Leben getretenen Werkstätten hatten auf jeden Fall die Bereitung des Werkstoffs Porzellan mit ihr gemeinsam. Dessen Weiterverarbeitung brauchte sich seit dem 19. Jahrhundert, seit der Industriellen Revolution, aber schon nicht mehr nur auf Kunstprodukte zu erstrecken, sondern konnte bereits die Herstellung von technischem Porzellan und von Gebrauchsporzellan im weitesten Sinne zum Ziele haben. Damit waren jene Werkstätten zugleich nicht mehr an die manufakturelle Herstellungsweise gebunden, sondern konnten auch fabrikatorisch – mit den Methoden arbeitsteiliger Mechanisierung – produzieren.

Welche Fertigungsstrecken bei der Herstellung des Werkstoffs Porzellan allein in der Meißner Porzellanmanufaktur ohne Schaden für die Qualität des Endprodukts in eine motorisierte Mechanisierung und andere nicht bzw. nicht mehr handwerkliche Verfahren einbezogen wurden und damit der Industriellen Revolution auch in dieser Manufaktur Einlaß verschafft wurde, zeigt T. Scholz in drei im Jahrbuch für Wirtschaftsgeschichte publizierten Artikeln.[26] Zeitlich nach ihr äußert sich auch B. Freifrau Wolff-Metternich in zwei Artikeln in der „Weltkunst"[27] zum Problem der Technisierung der Porzellanherstellung mit den Worten: „Porzellanfiguren sind das Ergebnis des Zusammenspiels von Kunst, Handwerk und technischen Abläufen. Die Voraussetzungen für eine reibungslose Vorbereitung und Durchführung der technischen Prozesse, also der Porzellanherstellung selbst, konnten seit den Anfängen der Porzellanmanufakturen bis heute durch die Entwicklung moderner Materialanalyse und Massebereitung, durch den Einsatz moderner Energiequellen und elektronisch gesteuerter Brennöfen wesentlich verbessert werden. Die Arbeitsmethoden der künstlerischen und handwerklichen Herstellung figürlicher Porzellanplastik hat sich dagegen bis heute nicht grundsätzlich geändert, vielmehr sind die Maßstäbe für diese Arbeiten bereits in der Mitte des 18. Jahrhunderts gesetzt worden. . . . Der Meißener Modelleur Johann Joachim Kändler hatte künstlerisch und handwerklich den Weg gewiesen, auf dem die um die Jahrhundertmitte gegründeten Manufakturen die Eigenarten ihrer jeweiligen Figurenproduktion entfalteten".

Da die technisch-technologischen Fortschritte bei der Herstellung des

Werkstoffs Porzellan in den Werkstätten zur Produktion künstlerischen Porzellans, wie diese in den Artikeln von Metternich und Scholz dargestellt worden sind, auch für die Fertigung von Gebrauchsporzellan ohne künstlerischen Wert und für technisches Porzellan von gleicher Bedeutung waren, jene aber in den Vorträgen zum Böttgersymposium Anfang Februar 1982 in Dresden so gut wie gar nicht – am meisten im Vortrag von H. Mostetzky über „Wesentliche Etappen der Werkstoffeigenschaften des europäischen Gebrauchsporzellans von Böttger bis heute“[28] – zur Sprache kamen, scheint es vertretbar, nachstehend in ziemlicher Ausführlichkeit die Entwicklungslinien auf diesem Gebiet an Hand des von T. Scholz über die Meißner Porzellanmanufaktur zusammengebrachten Materials darzustellen, das wiederum primär auf den Materialien in den Arbeiten des ehemaligen technischen Direktors der Manufaktur, Dr. M. Mields[29], beruht.

Danach erfolgte das Eindringen der Industriellen Revolution in den Fertigungsbereich des Werkstoffs Porzellan – der aus den folgenden sieben Arbeitsgängen bestand: dem Reinigen und Schlämmen des Kaolins, dem Sortieren, Vorkleinern und Mahlen von Quarz und Feldspat, dem Mischen aller Bestandteile (seit etwa 1725 bestand die Porzellanmasse unverändert aus Kaolin, Feldspat und Quarz), dem Entziehen von Eisen, dem Entwässern in Filtern, dem Lagern der Masse und deren Kneten bzw. Homogenisieren – grundlegend seit der Mitte des 19. Jahrhunderts. Die technisch-technologischen Wandlungen vollzogen sich 1. durch „eine“ allerdings „langsame bzw. späte Entwicklung der Mechanisierung in der Massebereitung“, 2. einen nach etwa 20jähriger Stagnation erfolgenden Fortschritt in der Brenntechnologie, „die . . . innerhalb der Manufaktur das technisch fortschrittlichste Gebiet der Produktion war“, und 3. durch die Anwendung chemischer Versuchsergebnisse auf dem Gebiete der „Zusammensetzung der Erden für die Masse“ sowie der „Herstellung von Porzellanfarben“.[30]

Zu den ersten zwei Punkten nachstehend noch einige Bemerkungen:

Zu 1: Was die Mechanisierung betrifft, so handelte es sich in der Porzellanmanufaktur Meißen um folgende Innovationen: 1833: erste Dampfmaschine zum Antrieb einer Massebereitungsmaschine, der auf diesem Gebiete unaufhaltsam der Einsatz weiterer motorisch betriebener Mechanismen folgte, 1870: erster stehender Tonschneider, 1874: erste mechanisch angetriebene Membranfilterpumpe nebst Filterpresse, 1875: vermutlich erste Trommelmühle in der Massebereitung, 1877: zweiter Tonschneider, 1878: erste große Schleppmühle, 1879: zwei große Rührwerke in der Massebereitung, erste Schlämmtrommel, 1880: weitere zwei kleine hölzerne Trommelmühlen mit Porzellanfutter.

Zu 2: In der Brenntechnologie, dem zentralen Anliegen der Masseherstellung, folgt dem Böttgerschen „Langofen“ der einkämmrige „Rechteckofen", 1731–1751: Entstehung neuer Brennöfen, 1814–1819: Übernahme der in der Berliner Porzellanmanufaktur gebrauchten „Mehretageöfen" (deren erster Einsatz in Frankreich auf Grund wissenschaftlich-technischer Entwicklung erfolgt war), 20. Jahrhundert: elektrische „Turmöfen", 8. 3. 1972: erster Brand in den gasbeheizten, kapsellosen „Kammeröfen", schaltwartgesteuerten „Herdwagenöfen".

Gleichzeitig gingen Änderungen bei den Energiespendern und Brennstoffen vor sich. Anfangs stand für den Antrieb von Mechanismen menschliche und tierische Antriebskraft (Pferde) zur Verfügung, 1839: Einführung der Kohlefeuerung, 1. Jahrzehnt des 20. Jahrhunderts: Einführung der Elektroenergie, etwa ab 1891: Installierung der „Doppel-Schrägrost-Halbgasfeuerung (eine nach dem Generatorprinzip arbeitende Einrichtung) in die „Etagenöfen".

Die vorstehenden Ausführungen über den technischen Fortschritt in der Meißner Porzellanmanufaktur sollen mit einigen Bemerkungen von T. Scholz darüber abgeschlossen werden, die hervorhebt, daß die „Porzellan-Manufaktur Meißen, die im 18. Jahrhundert künstlerisch wie technisch die führende Porzellanmanufaktur Europas war, ... gegen Ende des 18. Jahrhunderts und noch zu Beginn des 19. Jahrhunderts insbesondere aufgrund rückständiger Leitungsformen des Betriebes gegenüber vielen anderen Porzellanmanufakturen" zurückgeblieben war, aber „als eine der ersten Porzellanmanufakturen in den deutschen Staaten" zur Kohlefeuerung übergegangen war[31] und auf dem Gebiet der Farbchemie „im 19. Jahrhundert ihre führende Stellung behauptete".[32]

Wie bekannt und schon gezeigt worden war, bot die Meißner Porzellanmanufaktur im 18. Jahrhundert in Europa ein viel nachgeahmtes Beispiel zur Errichtung von Werkstätten für die Erzeugung von Kunstporzellan. Aber auch für die Produktion von einfachem Gebrauchsporzellan und von technischem Porzellan im 19. Jahrhundert konnte sie mit ihren vorerwähnten technischen und technologischen Fortschritten bei der Masseherstellung bedeutungsvoll werden, nicht zuletzt bei den in Sachsen im 19. Jahrhundert neugegründeten Werkstätten dieser Art.[33] So nahmen in Sachsen ab 1845 (ohne Anspruch auf Vollständigkeit) die der nachstehenden Aufstellung zu entnehmenden Firmen ihre Tätigkeit auf. Schon diese wenigen Betriebe, deren Aufzählung ihre Vervollständigung im 3. Band einer in Gang befindlichen Untersuchung über die Industrielle Revolution in Sachsen[34] finden wird, zeigen, daß es sich bei jenen damals gegründeten Werkstätten – ob sie nun Porzellanmanufakturen oder Porzellanfabriken darstellten – oft um Betriebe mit Produktionsprogrammen handelte, die sowohl Kunst- als auch Gebrauchs- und technisches Porzellan herstellten und keineswegs nur auf eine Richtung spezialisiert waren, so daß der technische Fortschritt, ging er nun von Meißen

TAFEL I

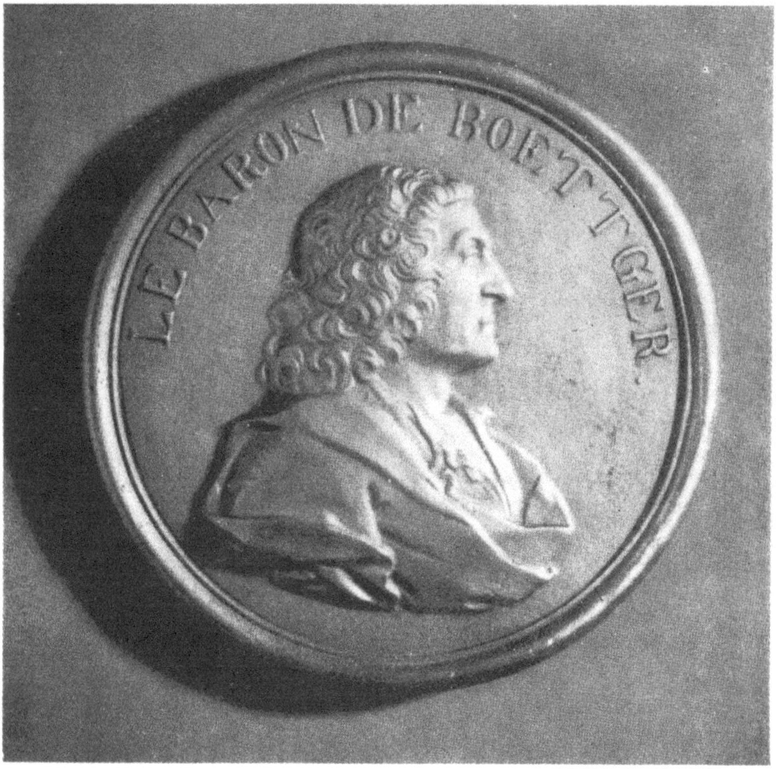

Abb. 1 Johann Friedrich Böttger. Reliefmedaillon aus Böttgersteinzeug von François Coudray

TAFEL II

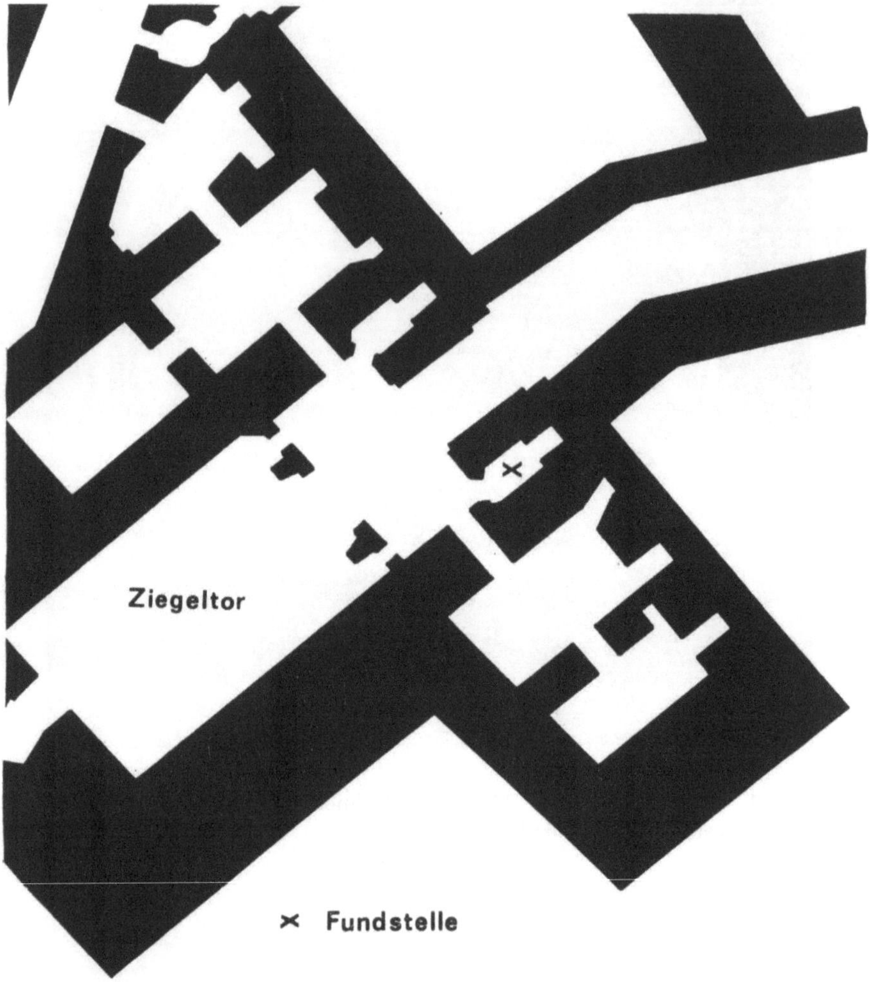

Abb. 2 Fundort der Ofenreste, Brennkapseln und Schlackensteine. Skizze von Ludwig Forberger nach W. Bachmann

TAFEL III

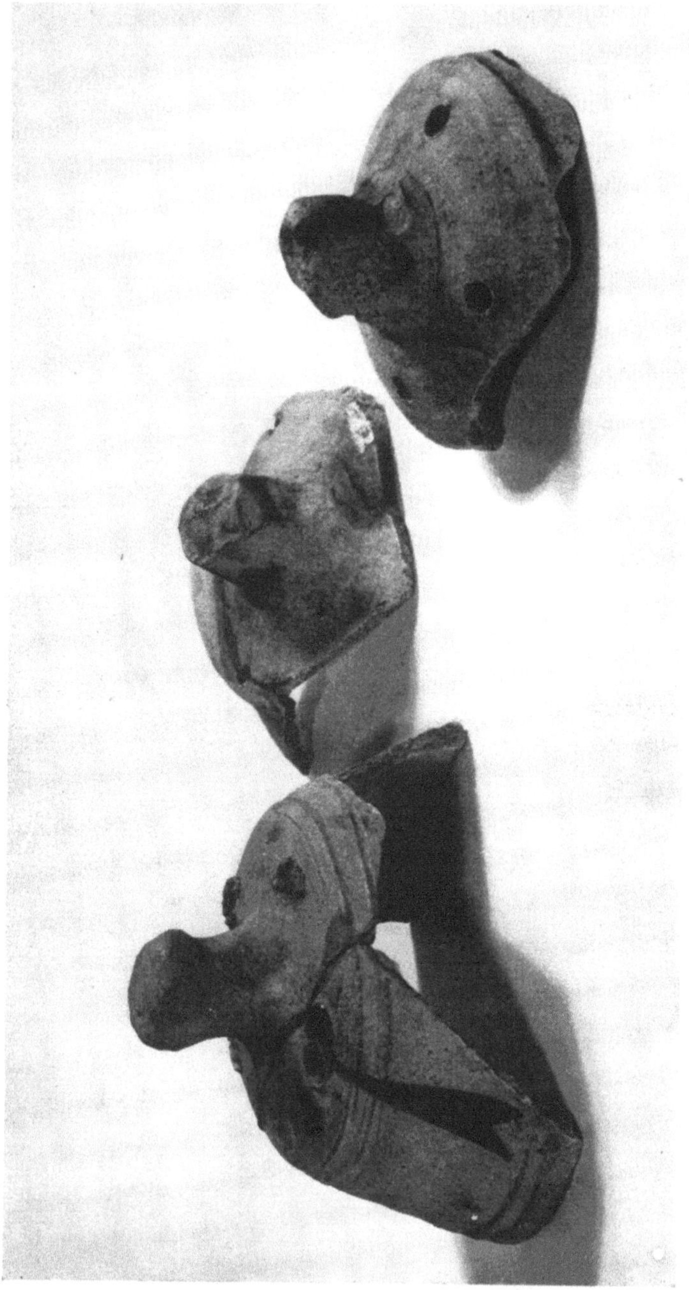

Abb. 3 Brennkapseln

TAFEL IV

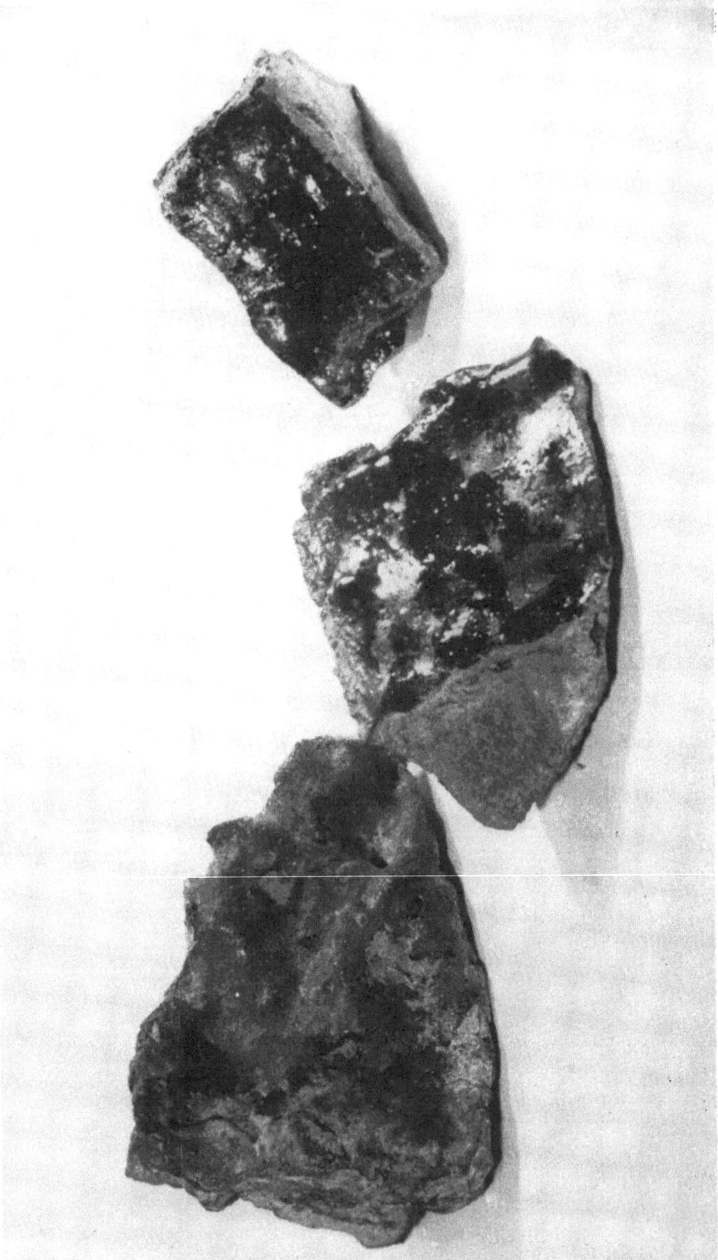

Abb. 4 Schlackensteine

oder von anderswo aus, auch ihnen voll zugute kommen konnte. Solches galt noch mehr für die Werkstätten des 20. Jahrhunderts. K.-D. Schubert[35] und H. Mostatzky[36] haben im vorgenannten Protokollband zum Böttgersymposion verdienstvoll die wesentlichen Etappen jener technisch-technologischen Entwicklung und Möglichkeiten auf dem Gebiete der Herstellung der Porzellanmasse herausgestellt und damit ihrerseits die Entwicklungslinien von Böttger bis in unsere Tage sichtbar gemacht.

Jahr	Firmenname	Standort	Gründer und Eigentümer	Produkte und Produktion
1	2	3	4	5
1845	Porzellanfabrik von Christian Fischer in Zwickau	Zwickau	Christian Fischer	Produktion von „vor allem durch Reinheit, Weiße, korrekt Formen und geschmackvolle Verzierungen ausgezeichnetes Tafel-, Kaffee-, Thee-, Küchen und Waschgeschirr, teils weiß, teils mit Malereien in Farben und Gold verziert, besonders schwerere und dauerhaftere Ware, wie sie in Gasthöfen verlangt wird: . . . Von 1883 an wurde das Zwiebelmuster viel zur Verzierung verwendet." Weitere Erzeugnisse: „Gerätherschaften für Apotheken und chemische Laboratorien, von Maschinenbestandteilen, Krugdeckeln, größeren und kleinere Tafeln und Schildern für Häuse Zimmer, Kontore, Magazine, Eisenbahnwagen, von Pflanzeetiketten, Firmenschildern un Grabplatten". Bezug der Rohstoffe: „Porzellanerde meist a den eigenen Gruben bei Karlsbad in Böhmen, Quarz und Fel spat teils aus dem Inlande, namentlich dem Vogtlande, te aus Böhmen, Schlesien, Bayer und Norwegen, feuerbeständiger Thon zu den Kapseln aus Sachsen und Bayern. Die Farber und Goldpräparate zur Po zellanmalerei werden in der Fabrik selbst hergestellt (187
1857	Fabrik von Carl Teichert, seit 1. 10. 1872 Aktiengesellschaft, seit	Meißen	Töpfermeister Carl Teichert	Zunächst nur Produktion von Ofenkacheln – sogar mit Schle maschinen ohne handwerklich Zutun, ab 1879 (nach Gebauer seit 1880) Aufnahme der Por-

.bsatz	Betriebsverlauf	Sonstige Bemerkungen	Quellen
	7	8	9
.bsatz nach dem ollverein vom wickauer Werk us. „Einen regel- äßigen Absatz 893, R. F.) nach em Auslande hat ie Fabrik nicht; e bringt ihre Er- ugnisse haupt- chlich im Deutschen eiche, namentlich Sachsen, Süd- id Westdeutschland iter (1886, 1889)“.		Anfangs Zweigwerk des Betriebes von Fischer in Pirkenhammer bei Karlsbad, später selbständige Fabrik	Gebauer, S. 127 u. 128 (Ausführlicher Titel siehe Anmerkung 33)
n In- und Aus- d fand das . . . iebelmuster, vie die Blumen- d Streublumen-	1881 gegen 150 Maler und Malerinnen	Die Aktiengesellschaft entstand mit einem Aktienkapital von 750000 Mark und besitzt seit 1886 eine	Gebauer, S. 111.129 (Ausführlicher Titel siehe Anmerkung 33); O.A.d.V., Meißner Ofen- und Porzellanfabrik vorm.

Jahr	Firmenname	Standort	Gründer und Eigentümer	Produkte und Produktion
1	2	3	4	5
	1879 Firma „Meißner Ofen- und Porzellanfabrik (vorm. C. Teichert)".			zellanfabrikation. Der Gedanke dabei: „ein gutes handgearbeitetes Gebrauchsgeschirr in Meißner Form und Dekor zu erschwinglichen Preisen zu liefern. Der Erfolg zeigte sich sehr schnell".
1872 (2. 10.)	„Sächsische Porzellanfabrik zu Potschappel von Carl Thieme"	Potschappel im Plauenschen Grunde bei Dresden	Gründer und erster Eigentümer: Antiquar Carl Johann Gottlieb Thieme. Nach dem Tod Thiemes 1880 Weiterführung der Fabrik durch dessen 5 jüngste Kinder. Danach Alleinbesitzer: Carl Kuntzsch und Frau, ab 1895 unterstützt durch Sohn Carl.	1872 Errichtung eines Ofens. Erste Arbeiter aus der eingegangenen Porzellanfabrik Burxdorf, darunter der „Blumenmodelleur" Carl August Kuntzsch. Erste Fabrik, die Luxus-Porzellanlampen für Petroleum herstellte. Guter Absatz. Dadurch Weltruf der Firma. 1920 Tod von Kuntzsch. Weiterführung der Firma durch Söhne Carl und Emil als offene Handelsgesellschaft. Es wurde „auf eine stilgerechte, auf der Höhe der Technik befindliche Handmalerei . . ." Wert gelegt. Anlehnung der Erzeugnisse an die der Meißner Porzellanmanufaktur und anderer berühmter Manufakturen, so an die von Alt-Wien und Sèvres.
1882 bis 1883,	Porzellanfabrik von Florian	Oberhohndorf bei	Florian Kästner aus Zwickau	Herstellung besonders von Kaffee-, Tafel- und Wasch-

bsatz	Betriebsverlauf	Sonstige Bemerkungen	Quellen
	7	8	9
ekore und alle nderen handge- rbeiteten Artikel hlreiche Anhänger".		Filiale in Eichwald bei Teplitz, die frühere Tschinkelsche Porzellanfabrik. Die Aktiengesellschaft zahlte 1872–1889 16, 12, 8, 6, 4, 5, 6, 6, 6, 8, 10, 9, 10, 10, 10, 11, 13 $^1/_3$ und 14 % Dividende.	C. Teichert. In: Deutschlands Städtebau. Die Stadt Meißen und ihre Umgebung. Herausgegeben vom Rat der Stadt Meißen. Bearbeitet von Dr. Hellmuth Schmidt-Breitung, Berlin – Halensee 1928, S. 95 u. 96; F. Wolf, Die Meißner Ofenindustrie. In: Mitteilungen des Vereins für Geschichte der Stadt Meißen, Dritter Band, Meißen S. 1894, S. 14
ingsame Umsatz- eigerung und nanzielle Nöte. hnelleres Voran- mmen seit untzschs Heirat it der Tochter iemes. Absatz r Porzellan- troleumlampen ch den USA. neuter Umsatz- ckgang durch nkurrenz lechterer odukte.	„Eine bescheidene Porzellanmalerei, die der Antiquar Carl Johann Gottlieb Thieme seit etwa 1864 neben seiner Antiquitätenhandlung in der Schössergasse und später in der Viktoriastraße in Dresden betrieb, war der Ursprung." 1872 Verlegung nach Potschappel		Gebauer, S. 128 (Ausführlicher Titel siehe Anmerkung 33); O.A.d.V., 60 Jahre Sächs. Porzellanfabrik zu Potschappel von Carl Thieme, In: Sächsische Dorfzeitung und Elbgaupresse mit Loschwitzer Anzeiger, 94. Jg., Nr. 231, Sonnabend/Sonntag, den 1./2. Oktober 1932, Viertes Blatt
und Ausland			Gebauer, S. 128 (Ausführlicher Titel siehe

Jahr	Firmenname	Standort	Gründer und Eigentümer	Produkte und Produktion
1	2	3	4	5
Betriebsbeginn 1884	Kästner aus Zwickau	Zwickau		geschirren, auch von Blume töpfen
1885 Anfang Juni	Zwickauer Porzellanfabrik	Zwickau	Hermann Unger, 1889 in Aktiengesellschaft umgewandelt	Wirtschaftsgeschirre, „beinah ausschließlich gemalte Artike größtenteils Tassen von eige tümlicher Façon . . .“. „Nebenzweige der Fabrikati sind die Herstellung von Sch mottesteinen und von Porze lanmasse, welch letztere na allen Teilen Deutschlands ve sandt wird (1886). Die Fabr beschäftigte im Sommer d Jahres 1888 nahezu 300 Arbe ter“.
1885 2. Hälfte	„Ofen- und Porzellanfabrik“	Cöln bei Meißen	Ernst Teichert, nach dessen Tode von seinem Sohn Christian unter altem Firmennamen übernommen	Als Porzellanfabrik gegründ Anfang Dezember 1886 zur Ofenfabrikation eingerichtet. 1890 25 Brennöfen für Ofe kacheln, Porzellan- und Ch mottewaren sowie 2 Muffelöf zum Einbrennen der Farb Beschäftigt im gleichen Jah in der Fabrik 430 Personen.

.bsatz	Betriebsverlauf	Sonstige Bemerkungen	Quellen
	7	8	9
			Anmerkung 33)
xport nach England, Amerika, ustralien, frika, eiterhin siehe palte 5		Dritte Porzellanfabrik Zwickaus	Gebauer, S. 128 (Ausführlicher Titel siehe Anmerkung 33)
87 guter Absatz ı Ausland	„In Meißen und Cölln bestehen Aktienfabriken, nämlich die ehemaligen Teichertschen Fabriken“		Gebauer, S. 129 (Ausführlicher Titel siehe Anmerkung 33) Wolf, S. 6–16 (Ausführlicher Titel siehe S. 21, Spalte 9)

Anmerkungen

1 Erweiterte Fassung eines Vortrags, gehalten am 5. Februar 1982 vor dem Plenum der Sächsischen Akademie der Wissenschaften zu Leipzig. Allerdings sind mit Rücksicht auf die Flut der Bildveröffentlichungen zum Böttgergeburtstag die während jenes Vortrags gezeigten Bilder (Dias und Fotos) hier nicht mit publiziert worden.

2 Siehe hierzu die Übersicht der diesbezüglichen, seit 1960 erschienenen Publikationen. Hinzu kommt außerdem noch die Veröffentlichung eines Protokollbandes über ein am 5. u. 6. Februar 1982 in Dresden unter dem Thema „Das europäische Porzellan – Tradition und Zukunft" abgehaltenes Symposion, auf dem „Wissenschaftler und Experten der Porzellanherstellung in Europa Böttgers Verdienste als Wegbereiter einer industriemäßigen Porzellanherstellung in der ganzen Welt" dargelegt haben und wobei „die Entwicklung der Meißner Manufaktur als Mutter der europäischen Porzellanindustrie in Vergangenheit und Gegenwart eine nicht unbedeutende Rolle" gespielt hat (Böttger-Ehrung, 8, Aktivitäten, S. 1). Zu berichtigen ist in diesem Protokollband auf S. 127 im Artikel von J. Grimming über „Wer Böttger sagt, muß auch Meißen sagen", daß August der Starke König von Polen, aber nicht König von Sachsen war.

3 W. Goder, Zum Zusammenhang. Seine Ergebnisse hat Goder mit anderen Autoren zusammen in einigen Artikeln verwertet, so mit Walter in: Die Anfänge und in: Die Erfindung, ferner mit Wächtler in: Die Erfindung, und mit Schulle, Wagenbreth und Walter in: Die technische Entwicklung.

4 I. Menzhausen, Das Bildnis, S. 23; E. Kramer, Ein Porträt, S. 20.

5 I. Menzhausen, Das Bildnis, S. 25.

6 E. Kramer, Ein Porträt, S. 16ff.

7 E. W. von Tschirnhaus und die Frühaufklärung; R. Forberger, Tschirnhaus und das sächsische Manufakturwesen.

8 Vgl. dazu die gewichtigen Argumente des langjährigen technischen Direktors der Meißner Porzellanmanufaktur Dr. M. Mields für Böttger: M. Mields, Tschirnhaus und nicht Böttger?; derselbe, Gedanken zur Porzellanerfindung; derselbe, Berichte. Siehe auch S. Ducret, Tschirnhaus oder Böttger? In: Weltkunst 34, München 1964.

9 Vgl. hierzu W. Goder, Schulle, W., Wagenbreth, O., Walter, H., Die technische Entwicklung von Böttgersteinzeug und Böttgerporzellan. Siehe auch die in Frage kommenden Artikel im Literaturverzeichnis.

10 Im Artikel von R. Forberger, Die sächsische Manufaktur in der Ära Augusts des Starken, abgedruckt in: Johann Friedrich Böttger zum 300. Geburtstag, S. 40, muß es statt „Nacherfindung des chinesischen Hartporzellans" richtig heißen: „Erfindung des europäischen Hartporzellans". Das gleiche gilt für den Nachdruck des Katalogs.

11 Siehe die einschlägigen Titel im Literaturverzeichnis.

12 Ebenfalls dort.

13 Kunckel war übrigens bis 1677 unter Johann Georg II. von Sachsen (1613 bis 1680, Regierungszeit 1656–1680) im kurfürstlichen Laboratorium in Dresden tätig, und zeitweilig Dozent an der kursächsischen Universität Wittenberg.

14 Siehe dazu auch Forberger, Tschirnhaus.

15 W. Fischer, Die kulturgeschichtliche Bedeutung S. 167–186, bes. S. 181.

16 Walcha, Anekdotisches Porzellan. Walchas „Dienst" am Meißner Porzellan reichte von der wissenschaftlichen Abhandlung bis zum Roman. Siehe Literaturverzeichnis.

17 I. Menzhausen, Böttgers künstlerische Position, S. 188ff.

18 Fachgruppe für Bau- und Denkmalpflege.

19 Vgl. hierzu die Titel von Forberger im Literaturverzeichnis.

20 T. Scholz, Produktivkraftentwicklung.

21 Vgl. hierzu K.-J. Eckner, Michaelis, H., Symbole; E. Poche, Porzellanmarken, Nummern 190–221.

22 (J. Schärer), Den Freunden.

23 R. Forberger, Die sächsische Manufaktur in der Ära Augusts des Starken. In: Johann Friedrich Böttger zum 300. Geburtstag. Herausgegeben von den Staatlichen Kunstsammlungen Dresden und dem VEB Staatliche Porzellan-Manufaktur Meißen, Dresden 1982, S. 43.

24 (J. Schärer), Meißen 75. Informationen über das gegenwärtige Wirken der ersten europäischen Porzellanmanufaktur, zusammengestellt von Jürgen Schärer, Meißen 1975, S. 11.

25 Internationales Symposium am 5. und 6. Februar 1982 in Dresden und Meißen anläßlich des 300. Geburtstages Johann Friedrich Böttgers. Protokollband. Redaktion: E. Wächtler, R. Sennewald, M. Zschörnig. Gesamtherstellung: Polygraphischer Bereich des Wissenschaftlichen Informationszentrums der Bergakademie Freiberg (Freiberg 1982).

26 T. Scholz, Meißen – Betriebsgeschichtliche Anregungen durch eine Festschrift. Meißen 75. Informationen über das gegenwärtige Wirken der ersten europäischen Porzellanmanufaktur. In Memoriam Johann Gregorius Höroldt und Johann Joachim Kändler, zusammengestellt von Jürgen Schärer, Meißen 1975. In: Jahrbuch für Wirtschaftsgeschichte 1977/IV, S. 199–207; dieselbe, Produktivkraftentwicklung, Arbeitskräftestruktur und betriebliche Lohnarbeitsverhältnisse in der Porzellanmanufaktur Meißen im 18. und 19. Jahrhundert. In: Jahrbuch für Wirtschaftsgeschichte 1981/II, S. 51–103; dieselbe, Soziale Herkunft und soziales Milieu. Herkunfts- und Patenschaftsbeziehungen der im Jahre 1872 in der Porzellanmanufaktur Meißen beschäftigten Arbeiter. In: Jahrbuch für Wirtschaftsgeschichte 1982/IV, S. 33–66.

27 B. Freifrau Wolff Metternich, Kunst und Technik figürlicher Porzellanplastik, dargestellt am Beispiel einer Fürstenberger Gruppe (Seitentitel vor Haupttitel, R. F.): Porzellanfiguren des 18. Jahrhunderts. 1. Teil. In: Weltkunst. 52. Jg. Nr. 23, München, 1. Dezember 1982, S. 3460–3465, 2. Teil. In: ebendort, Nr. 24 . . . 15. Dezember 1982, S. 3604–3608.

28 In: Internationales Symposium, S. 110–117.

29 So auf M. Mields, Die Technik der Porzellan-Manufaktur von der Erfindung bis zur Gegenwart. In: 250 Jahre Staatliche Porzellan-Manufaktur Meißen, Meißen 1960, S. 114–165; weiterhin auf seinen Beitrag „250 Jahre technische Entwicklung des Meißner Porzellans". In: Silikattechnik Nr. 6/1960, S. 249; schließlich auf seinen Artikel „Zur Geschichte der Technik in der Manufaktur, inbesondere zur Entwicklung des Maschinenparks und der Versorgung mit Antriebsenergie" (bis 1963), Manuskript, vorhanden im Betriebsarchiv des VEB Staatliche Porzellan-Manufaktur Meißen, zitiert von T. Scholz in ihrer Rezension: Meißen – Betriebsgeschichtliche Anregungen durch eine Festschrift. Meißen 75 . . ., S. 204, Fußnote 12.

30 T. Scholz, Meißen . . ., S. 205.

31 Ebenda, S. 202

32 Ebenda, S. 204.

33 Die meisten Daten über diese Betriebe entstammen H. Gebauer, Die Volkswirtschaft im Königreiche Sachsen. Historisch, geographisch und statistisch dargestellt . . ., Zweiter Band, Dresden 1893, S. 127–129.

34 R. Forberger, Die Industrielle Revolution in Sachsen 1800–1861, 3. Band: Der Einsatz und die Wirksamkeit der Produktivkräfte in der sächsischen Fabrik während der Industriellen Revolution in Sachsen, Die Leichtindustrie (in Vorbereitung).

35 K.-D. Schubert, Die Entwicklung der feinkeramischen Industrie in der DDR. In: Protokollband, S. 80–88.

36 H. Mostatzky, Wesentliche Etappen der Werkstoffeigenschaften des europäischen Gebrauchsporzellans von Böttger bis heute. In: Protokollband, S. 110–117.

Auswahlbibliographie zum I. Teil

S. Asche, Die Dresdner Bildhauer des frühen 18. Jahrhunderts als Meister des Böttgersteinzeugs und Böttgerporzellans. In: Keramos, 49/1970, S. 67–89 u. 51/1971, S. 18–21

K. Berling, Das Meissner Porzellan und seine Geschichte, Leipzig 1900

V. Böhmert, Urkundliche Geschichte und Statistik der Meissener Porzellan-Manufaktur von 1710 bis 1880 mit besonderer Rücksicht auf die Betriebs-Lohn- und Kassenverhältnisse. Separat-Druck aus Heft I und II, Jahrgang 23 der Zeitschrift des Königlich Sächsischen Statistischen Büros

Böttger-Ehrung der Deutschen Demokratischen Republik 1982 Dresden – Meißen – Vorbereitungskomitee – Redaktionelle Informationen [Neun Informationen über (R. F.)]:

1) Leben und Werk Johann Friedrich Böttgers (1682–1719) –
2) Zur Technologie der Porzellanherstellung in der Meißner Porzellanmanufaktur –
3) Thesen zu: Die Manufakturperiode in Sachsen und die Stellung der Meißner Porzellanmanufaktur in der sächsischen Manufakturgeschichte –
4) Kleine synchron-optische Zeittafel zur Biographie Johann Friedrich Böttgers (1682–1719) –
5) Archivalische Pflege des Meißner Erbes –
6) Die Meißner Porzellanmanufaktur heute –
7) Dem Erbe Johann Friedrich Böttgers verbunden und verpflichtet –
8) Aktivitäten zur Böttger-Ehrung im Februar 1982 –
9) Ein Souvenir aus Meißner Porzellan

Das Meißner Musterbuch für Höroldt-Chinoiserien. Musterblätter aus der Malstube der Meißner Porzellanmanufaktur (Schulz-Codex). Kommentar von R. Behrends mit über 180 Abbildungen, Edition Leipzig 1978

Dresdner Kunstblätter. Zweimonatsschrift der Staatlichen Kunstsammlungen Dresden. 26. Jahrgang, 1/1982

K.-J. Eckner, Michaelis, H., Symbole für höchste Erzeugnis-Qualität: Meißner Warenzeichen. In: Urania 1/1982, S. 16–17

C. A. Engelhardt, J. F. Böttger: Erfinder des sächsischen Porzellans; Biographie aus authentischen Quellen, nebst einer kurzen Darstellung der Staatsgefängnisse und merkwürdigen Staatsgefangenen in Sachsen seit dem 16. Jahrhundert. Herausgeber A. M. Engelhardt, Leipzig 1981. Reprint der Originalausgabe 1837

E. W. von Tschirnhaus und die Frühaufklärung in Mittel- und Osteuropa. Herausgegeben in Zusammenarbeit mit N. A. Figurovskij, G. Harig, B. B. Kafengauz und A. Klíma von E. Winter. Quellen und Studien zur Geschichte Osteuropas, Band VII, Berlin 1960

W. Fischer Die kulturgeschichtliche Bedeutung des sächsischen Bergbaus. In: Jahrbuch zur Pflege der Künste, Dresden 1956, S. 167–186, bes. S. 181

R. Forberger, Die Industrielle Revolution in Sachsen (1800–1861), Band I/1, Die Revolution der Produktivkräfte (1800–1830), Berlin 1982, S. 58–99

– Die Manufaktur in Sachsen vom Ende des 16. bis zum Anfang des 19. Jahrhunderts, Berlin 1958

– Die Meißner Porzellan-Manufaktur in der sächsischen Manufakturgeschichte. In: 250 Jahre Staatliche Porzellan-Manufaktur Meißen, Meißen 1960, S. 9–51

– Die sächsische Manufaktur in der Ära Augusts des Starken. In: Johann Friedrich Böttger zum 300. Geburtstag. Herausgegeben von den Staatlichen Kunstsammlungen und dem VEB Staatliche Porzellan-Manufaktur Meißen, Dresden 1982, S. 33–44

– J. F. Böttger und die Meißner Porzellanmanufaktur. In: Urania 1/1982, S. 12–15

– Tschirnhaus und das sächsische Manufakturwesen. In: E. W. von Tschirnhaus und die Frühaufklärung in Mittel- und Osteuropa, herausgegeben von E. Winter, Berlin 1960, S. 214–222

– Zur Rolle und Bedeutung der Bergfabriken in Sachsen. In: Freiberger Forschungshefte D 48, Leipzig 1965, S. 63–74

W. Goder, Zum Zusammenhang zwischen dem Entwicklungsstand der Produktivkräfte im sächsischen Berg- und Hüttenwesen und der Erfindung des ersten europäischen Porzellans, Diss. Freiberg 1978

W. Goder, Schulle, W., Wagenbreth, O., Walter, H., Die technische Entwicklung von Böttgersteinzeug und Böttgerporzellan. In: Johann Friedrich Böttger. Die Erfindung des europäischen Porzellans, herausgegeben von R. Sonnemann und Wächtler, E., Leipzig 1982, S. 99–128

W. Goder, Walter, H., Die Anfänge der Porzellanmanufaktur Meißen. In: Johann Friedrich Böttger. Die Erfindung des europäischen Porzellans, herausgegeben von R. Sonnemann und Wächtler, E., Leipzig 1982, S. 129–142

W. Goder, Walter, H., Die Erfindung des europäischen Porzellans. In: Johann Friedrich Böttger zum 300. Geburtstag. Herausgegeben von den Staatlichen Kunstsammlungen Dresden und dem VEB Staatliche Porzellan-Manufaktur Meißen, Dresden 1982, S. 74–82

Internationales Symposium am 5. u. 6. Februar 1982 in Dresden und Meißen anläßlich des 300. Geburtstages Johann Friedrich Böttgers. Protokollband. Redaktion Prof. Dr. E. Wächtler, Dipl.-Ing. Sennewald und M. Zschörnig, Gesamtherstellung Bergakademie Freiberg

H. Jedding, Meißener Porzellan des 18. Jahrhunderts, München 1979

Johann Friedrich Böttger. Die Erfindung des europäischen Porzellans. Autoren: W. Goder/K. Hoffmann/I. Menzhausen/E. Neubert/W. Pfuhl/F. Reichel/

W. Schulle/R. Sonnemann/E. Wächtler/H. Walter/O. Wagenbreth. Herausgegeben von R. Sonnemann und Wächtler, E., Leipzig 1982

Johann Friedrich Böttger zum 300. Geburtstag. Meißen Frühzeit und Gegenwart. Ausstellung 4. 2.–2. 8. 1982. Herausgegeben von den Staatlichen Kunstsammlungen Dresden und dem VEB Staatliche Porzellan-Manufaktur Meißen, Dresden 1982

E. Kramer, Ein Porträt Johann Friedrich Böttgers. In: Keramos, Heft 30, Düsseldorf Oktober 1965, S. 15–27

H. Küas, Brennhäuser der Meißner Porzellanmanufaktur auf der Albrechtsburg. In: Sächsische Heimatblätter 4/1977, S. 153–159

P. Loesch, Johann Friedrich Böttger von 1706 bis 1707 Arrestant auf der Festung Königstein. Heft 3 der Reihe „Aus der Geschichte der Festung Königstein", Königstein 1982

G. Meier, Das heutige „Meißner". In: Urania 1/1982, S. 25–33

I. Menzhausen, Böttger-Ausstellung in Dresden. Zum 300. Geburtstag des Porzellanerfinders. In: Bildende Kunst 1/1982, S. 9–12

– Böttgers künstlerische Konzeption. In: Johann Friedrich Böttger. Die Erfindung des europäischen Porzellans, herausgegeben von R. Sonnemann und Wächtler, E., Leipzig 1982, S. 188ff.

– Das Älteste aus Meißen: Böttgers „rothes und weißes Porcellain". In: Dresdner Kunstblätter 1/1982, S. 13–20

– Das Bildnis Johann Friedrich Böttgers. In: Dresdner Kunstblätter 1/1982, S. 23–26

J. Menzhausen, Das Neueste aus Meißen. In: Dresdner Kunstblätter 1/1982, S. 27–31

– Das Neueste aus Meißen. In: Bildende Kunst 4/1982, S. 187–188

M. Mields, Böttgers Versuchsaufzeichnungen vom 15. Januar 1708, übersetzt und gedeutet von M. Mields, O. Walcha, Steyer und J. Mields. In: Berichte der Deutschen Keramischen Gesellschaft 44 (1967), H. 10, S. 513–517

– Die Erfindung des europäischen Porzellans. In: Böttgersteinzeug – Böttgerporzellan, herausgegeben von den Staatlichen Kunstsammlungen Dresden, Dresden 1969

– Die Technik der Porzellan-Manufaktur von der Erfindung bis zur Gegenwart. In: 250 Jahre Staatliche Porzellan-Manufaktur Meißen, Meißen 1960, S. 115–165

– Gedanken zur Porzellanerfindung in Europa. In: Sprechsaal für Keramik-Glas-Email-Silikate, Jg. 98, Coburg 1965

– Tschirnhaus und nicht Böttger? In: Sprechsaal für Keramik-Glas-Email-Silikate, Jg. 100, Coburg 1967, S. 147ff.

E. Poche, Porzellanmarken aus aller Welt. Aus dem Tschechischen übersetzt von H. Krausová, 2. Auflage, Praha 1976, Böttgerseinzeug: Nummern 188 und 189; Böttgerporzellan: Nummern 190 bis 221

(J. Schärer), Für Böttger (1682–1719) 1982. Den Freunden des Meissener Porzellans aus Anlaß des dreihundertsten Geburtstages von Johann Friedrich Böttger, dem Erfinder dieses Porzellans und ersten Administrator der

Meissener Manufaktur, nach einer Idee und geschrieben von J. Schärer, unter Verwendung von Buchstaben aus Böttgers Handschriften gestaltet. Für Sie vom VEB Staatliche Porzellan-Manufaktur Meißen im Jubiläumsjahre 1982 (Kundenfestschrift R. F.)

(–) Meißen 75. Informationen über das gegenwärtige Wirken der ersten europäischen Porzellanmanufaktur, zusammengestellt von Jürgen Schärer. Meißen 1975

T. Scholz, Meißen – Betriebsgeschichtliche Anregungen durch eine Festschrift. Meißen 75. Informationen über das gegenwärtige Wirken der ersten europäischen Porzellanmanufaktur. In memoriam Johann Gregorius Höroldt und Johann Joachim Kändler, zusammengestellt von Jürgen Schärer, Meißen 1975. In: Jahrbuch für Wirtschaftsgeschichte 1977/IV, S. 199–207

– Produktivkräfteentwicklung, Arbeitskräftestruktur und betriebliche Lohnarbeitsverhältnisse in der Porzellanmanufaktur Meißen im 18. und 19. Jahrhundert. In: Jahrbuch für Wirtschaftsgeschichte 1981/II, S. 51–103

R. Seyffarth, Johann Gregorius Höroldt, Dresden 1981

Staatliche Porzellan-Manufaktur Meißen. Unvergessene Tage. 1710–1960. Ein Rückblick auf das 250jährige Jubiläum der Staatlichen Porzellan-Manufaktur Meißen (Meißen 1960)

E. Wächtler, Goder, W., Die Erfindung des Porzellans in Europa. In: Urania 1/1982, S. 18–23

O. Walcha, Die Geschichte der Meißner Manufaktur von 1710 bis 1945. In: 250 Jahre Staatliche Porzellan-Manufaktur Meißen, Meißen 1960, S. 53–87

– Die künstlerische Entwicklung des Meißner Porzellans. In: 250 Jahre Staatliche Porzellan-Manufaktur Meißen, Meißen 1960, S. 167–205

– Meißner Porzellan. Herausgegeben und bearbeitet von Helmut Reibig, Dresden 1975

– Otto Walcha 1901–1968 – Anekdotisches Porzellan. Herausgegeben von den Keramikfreunden der Schweiz zum 6. August 1981, Basel 1981

– Rivalen. Die Lebenschronik des Bergknappen und Arkanisten Samuel Stölzel, Berlin 1963

– Porzellan. Leipzig 1963

H. Walter, Goder, W., Die Erfindung des europäischen Porzellans. In: Dresdner Kunstblätter 1/1982, S. 4–12

E. Zimmermann, Die Erfindung und Frühzeit des Meißner Porzellans, Berlin 1908

Zweihundertfünfzig Jahre Staatliche Porzellan-Manufaktur Meißen, Meißen 1960

Für den II. Teil befinden sich die bibliographischen Angaben in der Anmerkungen (23–36).

SITZUNGSBERICHTE DER SÄCHSISCHEN AKADEMIE DER WISSENSCHAFTEN ZU LEIPZIG

PHILOLOGISCH-HISTORISCHE KLASSE

Band 116

Heft 1 Prof. Dr. JOACHIM MÜLLER, Die Gestalt des Kindes und des Jugendlichen in der deutschen Literatur von Goethe bis Thomas Mann 1971. 38 Seiten – 8° – M 2,60

Heft 2 Prof. Dr. HERBERT PEUKERT, Gibt es eine „slawische" Volksdichtung? 1972. 70 Seiten – 8° – M 5,60

Heft 3 Prof. Dr. JOACHIM MÜLLER, Zur Motivstruktur von Goethes „Faust" 1972. 42 Seiten – 8° – M 2,80

Heft 4 Prof. Dr. GERTRUD SCHUBART-FIKENTSCHER, Studienreform. Fragen von Leibniz bis Goethe 1973. 109 Seiten – 8° – M 8,–

Heft 5 Prof. Dr. ERNST WERNER, Ketzer und Weltverbesserer. Zwei Beiträge zur Geschichte Südosteuropas im 13. und 15. Jahrhundert 1974. 57 Seiten – 8° – M 4,50

Heft 6 Prof. Dr. EBERHARD BRÜNING, Die Entwicklung progressiver und sozialistischer Literatur in den USA. Fortschrittliche Schriftstellerorganisationen und ihr Einfluß auf den nationalen Literaturprozeß von 1917 bis 1945 1974. 40 Seiten – 8° – M 3,20

Band 117

Heft 1 Prof. Dr. JOHANNES JAHN, Antike Tradition in der Landschaftsdarstellung bis zum 15. Jahrhundert 1975. 26 Seiten – 23 Abb. auf 21 Tafeln – 8° – M 8,–

Heft 2 Prof. Dr. JOACHIM MÜLLER, „Verwirrung des Gefühls". Der Begriff des „Pathologischen" im Drama Goethes und Kleists. Mit einem Exkurs: Zur dichterischen Pathographie im Drama des 19. Jahrhunderts 1974. 40 Seiten – 8° – M 3,50

Heft 3 Prof. Dr. JOACHIM MÜLLER, Goethes „Campagne in Frankreich". Epochenkritik, Umweltanalyse und Kontraststruktur 1974. 42 Seiten – 8° – M 4,–

Heft 4 Dr. GÜNTER SCHMIDT, Die literarische Rezeption des Darwinismus. Das Problem der Vererbung bei Émile Zola und im Drama des deutschen Naturalismus 1974. 219 Seiten – 1 Ausschlagtafel – 8° – M 13,–

Heft 5 Prof. Dr. ERNST WERNER, Häresie und Gesellschaft im 11. Jahrhundert 1975. 83 Seiten – 8° – M 6,–

Band 118

Heft 1 Prof. Dr. RUDOLF GROSSE, Dr. SIEGFRIED BLUM, Dr. HEINRICH GÖTZ, Beiträge zur Bedeutungserschließung im althochdeutschen Wortschatz 1977. 208 Seiten – 8° – M 22,–

Heft 2 Prof. Dr. ROLF LIEBERWIRTH, Die historische Entwicklung der Theorie vom vertraglichen Ursprung des Staates und der Staatsgewalt 1977. 54 Seiten – 8° – M 5,–

Heft 3 Prof. Dr. JOACHIM MÜLLER, Thomas Manns Künstlertum und Humanitätsgewissen 1976. 27 Seiten – 8° – M 2,50

Heft 4 Prof. Dr. HANS HIEBSCH, Wilhelm Wundt und die Anfänge der experimentellen Psychologie 1977. 22 Seiten – 8° – M 2,50

Heft 5 Prof. Dr. ERNST WERNER, Stadtluft macht frei. Frühscholastik und bürgerliche Emanzipation in der ersten Hälfte des 12. Jahrhunderts 1976. 96 Seiten – 8° – M 8,–

Band 119

Heft 1 Prof. Dr. WILHELM PÉE, Rechtschreibungsprobleme im Niederländischen. Mit einem Beitrag von Dr. HELGA HIPP, Probleme der niederländischen Rechtschreibung aus germanistischer Sicht 1977. 53 Seiten – 8° – M 5,–

Heft 2 Prof. Dr. GERTRUD SCHUBART-FIKENTSCHER, Goethes Amtliche Schriften. Eine rechtsgeschichtliche Untersuchung 1977. 72 Seiten – 8° – M 6,50

Heft 3 Prof. Dr. RUDOLF RŮŽIČKA, Historie und Historizität der Junggrammatiker 1977. 22 Seiten – 8° – M 3,–

Heft 4 Prof. Dr. GERTRUD SCHUBART-FIKENTSCHER, Christian Thomasius. Seine Bedeutung als Hochschullehrer am Beginn der deutschen Aufklärung 1977. 50 Seiten – 8° – M 4,50

Heft 5 Prof. Dr. JOACHIM MÜLLER, Shakespeare und ein deutscher Anfang: Die von Borcksche Übersetzung des „Julius Cäsar" von 1741 im Streitfeld von Gottsched und Johann Elias Schlegel 1977. 65 Seiten – 8° – M 5,–

Heft 6 Prof. Dr. HERBERT PEUKERT, Position einer Linguostilistik 1977. 93 Seiten – 8° – M 8,50

Band 120

Heft 1 Prof. Dr. LIESELOTTE BLUMENTHAL, Mozarts englisches Mädchen 1978. 29 Seiten – 8° – M 3,–

Heft 2 Prof. Dr. HANS-JOACHIM DIESNER, Westgotische und langobardische Gefolgschaften und Untertanenverbände 1978. 32 Seiten – 5 Abbildungen – 8° – M 4,–

Heft 3 Prof. Dr. WALTER DIETZE, „Ein würdiger Lehrer der Menschheit zu werden ..." Über Johann Gottfried Herders schriftstellerische Anfänge 1978. 22 Seiten – 8° – M 3,–

Heft 4 Prof. Dr. ROLF LIEBERWIRTH, Der Staat als Gegenstand des Hochschulunterrichts in Deutschland vom 16. bis zum 18. Jahrhundert 1978. 28 Seiten – 8° – M 3,50

Heft 5 Prof. Dr. RUDOLF MEYER, Gegensinn und Mehrdeutigkeit in der althebräischen Wort- und Begriffsbildung 1979. 31 Seiten – 8° – M 3,50

Heft 6 Prof. Dr. WERNER NEUMANN, Aufgaben und Probleme der heutigen Bachforschung 1979. 25 Seiten – 8° – M 3,–

Band 121

Heft 1 Prof. Dr. KARL CZOK, Vorstädte. Zu ihrer Entstehung, Wirtschaft und Sozialentwicklung in der älteren deutschen Stadtgeschichte 1979. 28 Seiten – 8° – M 3,–

Heft 2 Prof. Dr. HANS-JOACHIM DIESNER, Politik und Ideologie im Westgotenreich von Toledo: Chindasvind 1979. 35 Seiten – 8° – M 4,50

Heft 3 Prof. Dr. JOACHIM MÜLLER, Die dramatische Funktion von Mephistos Monolog in Goethes „Faust" I: „Verachte nur Vernunft und Wissenschaft ..." (V. 1851–1867) 1980. 32 Seiten – 8° – M 3,–

Heft 4 Prof. Dr. Dr. KURT RUDOLPH, Antike Baptisten. Zu den Überlieferungen über frühjüdische und christliche Taufsekten 1981. 40 Seiten – 8° – M 4,50

Heft 5 Prof. Dr. CLAUS TRÄGER, Lessing – Kritik und Historizität 1981. 34 Seiten – 8° – M 3,50

Heft 6 Prof. Dr. ALBRECHT NEUBERT, Zu einigen aktuellen Problemen der lexikalischen Semantik 1981. 20 Seiten – 8° – M 3,–

Band 122

Heft 1 Prof. Dr. JOACHIM MÜLLER, Der vierte Akt im Zweiten Teil von Goethes „Faust". Aktion und Bezüge 1981. 26 Seiten – 8° – M 3,–

Heft 2 Prof. Dr GERHARD DUDEK, Lew Tolstoi – Künstlerische Entdeckung und ästhetische Herausforderung 1981. 20 Seiten – 8° – M 3,–

Heft 3 Prof. Dr. ZSIGMOND TELEGDI, Ein Beitrag zur Lehre vom sprachlichen Zeichen 1981. 36 Seiten – 8° – M 4,50

Heft 4 Prof. Dr. ROLF LIEBERWIRTH, Eike von Repchow und der Sachsenspiegel 1982. 50 Seiten – 8° – M 5,–

Heft 5 Prof. Dr. ERNST EICHLER, Ergebnisse der Namenforschung im deutsch-slawischen Raum 1982. 48 Seiten – 8° – M 4,50

Heft 6 Prof. Dr. SIEGFRIED WOLLGAST, Die Philosophie in Deutschland von der Reformation bis zur Aufklärung – Hauptetappen und Tendenzen 1982. 59 Seiten – 8° – M 6,–

Band 123

Heft 1 Prof. Dr. EBERHARD BRÜNING, Sinclair Lewis und die endgültige Emanzipation der amerikanischen Literatur 1982. 25 Seiten – 8° – M 3,50

Heft 2 Prof. Dr. ERNST WERNER, Sultan Mehmed der Eroberer und die Epochenwende im 15. Jahrhundert 1982. 71 Seiten – 8° – M 7,50

Heft 3 Prof. Dr. WERNER NEUMANN, Über das funktionale Wechselverhältnis von Vokalität und Instrumentalität als kompositionstechnisches Grundphänomen 1982. 30 Seiten – 8° – M 4,–

Heft 4 Prof. Dr. KARL CZOK, Über Traditionen sächsischer Landesgeschichte 1983. 44 Seiten – 31 Tafeln – 8° – M 8,–

Heft 5 Prof. Dr. Dr. KURT RUDOLPH, Wellhausen als Arabist 1983. 57 Seiten – 8° – M 6,–

Heft 6 Prof. Dr. TERENCE FREDERICK MITCHELL, Soziolinguistische und stilistische Aspekte des gesprochenen Arabisch der Gebildeten (Educated Spoken Arabic) in Ägypten und der Levante 1984. 22 Seiten – 8° – M 4,–

Band 124

Heft 1 Prof. Dr. HANS HIEBSCH, Dr. RENATE HAŠCHKE, Methodologische Probleme der Psychophysiologie bei der Systemanalyse menschlicher Handlungen
1984. 26 Seiten – 11 Abbildungen – 8° – M 3,–

Heft 2 Prof. Dr. ALBRECHT NEUBERT, Diskurs über den Diskurs. Neue Denkanstöße in der Sprachwissenschaft oder Zur Gegenstandsbestimmung der Linguistik 1983. 16 Seiten – 8° – M 3,–

Heft 3 Prof. Dr. WERNER BAHNER, Kontinuität und Diskontinuität in der Herausbildung der romanischen Sprachwissenschaft 1983. 40 Seiten – 8° – M 4,50

Heft 4 Prof. Dr. RUDOLF RŮŽIČKA, Sprachwissenschaft und Sprachkunst. Ein Beispiel: Die Metapher
1983. 44 Seiten – 8° – M 5,–

Heft 5 Prof. Dr. JOACHIM MÜLLER, Das Alte und das Neue. Historische und politische Realität in Theodor Fontanes Roman „Der Stechlin" 1984. 34 Seiten – 8° – M 5,–

Heft 6 Prof. Dr. KARL CZOK, Karl Lamprechts Wirken an der Universität Leipzig
1984. 30 Seiten – 1 Taf. – 8° – M 4,–

Band 125

Heft 1 Prof. Dr. ERNST EICHLER, Reinhold Trautmann und die deutsche Slawistik. Mit einem Beitrag von Gerald Wiemers 1984. 74 Seiten – 1 Tafel – 8° – M 8,–

Heft 2 Prof. Dr. SIEGFRIED WOLLGAST, Zur Stellung des Gelehrten in Deutschland im 17. Jahrhundert
1984. 79 Seiten – 1 Abb. – 8° – M 7,–

Heft 3 Prof. Dr. Dr. h. c. EBERHARD POPPE, Universalität der Menschenrechte – Idee und Realität
(In Vorbereitung)

Heft 4 Prof. Dr. RUDOLF FORBERGER, Vom künstlerisch gestalteten Hartporzellan Böttgers zum technischen Porzellan im 19. Jahrhundert
(Vorliegendes Heft)

Heft 5 Prof. Dr. GERHARD DUDEK, Die Brüder Karamasow – Zur Struktur der Romane F. M. Dostojewskis
(in Vorbereitung)

Band 126

Heft 1 Prof. Dr. EBERHARD BRÜNING, Ernest Hemingway – Humanist und Antifaschist
(in Vorbereitung)

Heft 2 Prof. Dr. ERNST ULLMANN, Von der Macht der Bilder – Kunst und Reformation
(in Vorbereitung)

Einzel- oder Fortsetzungsbestellungen durch eine Buchhandlung erbeten

Sitzungsberichte bis Band 112
durch das Zentralantiquariat der Deutschen Demokratischen Republik, Leipzig
ab Land 113 durch die Universitätsbuchhandlung, 7010 Leipzig, zum Teil noch lieferbar

AKADEMIE-VERLAG · BERLIN
DDR - 1086 Berlin, Leipziger Straße 3–4

Bei Fragen zur Produktsicherheit wenden Sie sich bitte an:
If you have any questions regarding product safety,
please contact:

Walter de Gruyter GmbH
Genthiner Straße 13
10785 Berlin
productsafety@degruyterbrill.com